¿Encontrará el Instituto SETI señales de vida inteligente en KIC 8462852?

Descubre por qué sí es posible

Max R. Schmidt

License Notes

Uno de los 42 radios telescopios en el Allen Telescope Array que se mantendrá enfocado en KIC 8462852 hasta el próximo fin de semana, acumulando datos actualizados de este enigmática estrella. Crédito: Seth Shostak / SETI Institute

"O bien captamos algo poco después de un gran evento, como la colisión de dos planetas, o una inteligencia alienígena,"

... dijo el Dr. Gerald Harp, Veterano en ciencias del Instituto SETI (Search for Extraterrestrial Intelligence - Búsqueda de Inteligencia Extraterrestre) en Mountain View, California, refiriéndose a las enigmáticas variaciones de la luz observadas en la estrella Kepler KIC 8462852. Y él y un equipo del Instituto, están laborando a marchas

4

forzadas en este momento para determinar cuál de estas dos posibilidades es la verdadera.

Gerald Harp del Instituto SETI está dentro del grupo de investigadores recopilando y estudiando información de la misteriosa estrella Kepler. Crédito: SETI Institute

Desde el pasado viernes 16 de Octubre de 2015, el Allen Telescope Array -ATA - del Instituto SETI fue cambiado de su horario normal de inspección para escudriñar a la estrella KIC 8462852, una de las poco más de 150,000 estrellas estudiadas por la misión Kepler de la NASA Kepler para detectar exo-planetas del tamaño de la Tierra orbitando en estrellas lejanas. El ATA, un enjambre de 42 antenas parabólicas, cuenta con un sistema completamente automatizado que opera las 24 horas del día, alertando a sus investigadores cuando cualquier señal interesante o peculiar ha sido detectada.

Entre otras, se ha propuesto un cúmulo de cometas como explicación a las variaciones erráticas y sin ritmo en la estrella localizada a casi 1,500 años luz desde la Tierra en la constelación de Cygnus el Cisne. Pero nadie está completamente satisfecho con esto; las probabilidades de que estemos presenciando un macro evento, como el rompimiento y desbandada de múltiples cometas o una colisión planetaria, en el breve período de tiempo que se ha observado a la estrella, son improbables. La razón es simple. Las colisiones generan mucho polvo, el que, al calentarse con la estrella, brilla en el infrarrojo pero nada de esto se ha detectado en esta enigmática estrella.

El Allen Telescope Array (ATA) es un conjunto de un gran número de pequeñas parabólicas (LNSD) diseñadas para ser muy efectivas para estudios simultáneos realizados por los proyectos SETI (Search for Extraterrestrial Intelligence) a las ondas de radio en centímetros. Crédito: Seth Shostak / SETI Institute

El ATA registra frecuencias de radio en el rango de microondas desde 1-10 gigahertz. Como comparativo, el horno de microondas de su cocina produce microondas alrededor de los 2 gigahertz. Aunque Harp aún no pudo dar a conocer los resultados, esto se dará pronto, cuando el reporte científico sea publicado en una revista científica - sí compartió su alegría por una búsqueda de este tipo.

El enjambre normalmente busca en una onda muy estrecha o una frecuencia específica al buscar señales potencialmente extraterrestres. Pero no en esta ocasión.

"Este es un blanco especial", dijo Harp. "Estamos utilizando el telescopio para ver las transmisiones que pudieran provocar un exceso de energía dentro de un rango de frecuencias." ¿Posiblemente de una fuente potencialmente alienígena? Quizás. Harp cree que la peculiar señal asincrónica sea "probablemente natural y definitivamente digna de ser observada" pero considera una fuente inteligente una posibilidad, sin importar que tan remota esta sea.

En esta composición artística se muestra como dos objetos de un tamaño planetario pudieran impactarse para crear fragmentos de material orbitando una estrella. También crearían una enorme cantidad de polvo, el cual brillaría en el infrarrojo, algo que no se ha observado alrededor de la estrella Kepler. Crédito: NASA/JPL-Caltech/T. Pyle (SSC)

Durante nuestra conversación, enfatizó que tan especiales eran las variaciones de la luz de la estrella, agregando como la "gran tajada" de material orbitando a KIC (acrónimo de Kepler Input Catalog) 8462852 es anormal porque está en bloques. "Esperaríamos más bien que se expandieran como un anillo", dijo.

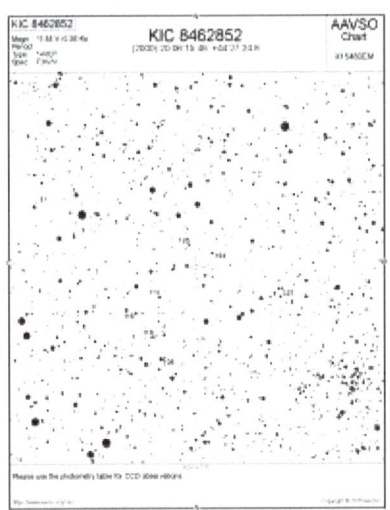

Gráfica AAVSO de KIC 8462852. Puede ir al sitio web para hacer su versión personalizada. Crédito: AAVSO

Mientras tanto, la American Association of Variable Star Observers (AAVSO) publicó una Nota de Alerta esta semana, pidiendo a amateurs y profesionales alrededor del mundo empezar de manera inmediata la observación de KIC 8465852 ahora durante toda la temporada de la temporada de observación. Para localizar la estrella, puede o bien utilizar los gráficos de mi libro anterior "¿Qué está orbitando a la enigmática estrella KIC 8462852? O bien ir al sitio AAVSO teclear KIC 8462852 en "Pick a Star" para hacerse una gráfica personalizada.

Como la estrella se comporta como una estrella variable, se pudiera pensar en una estrella variable con fluctuaciones irregulares. Pero mejor veamos que dice al respecto un experto. De acuerdo a Elizabeth Waagen, asistente técnico veterano para las operaciones del espacio en AAVSO, KIC 8462852 es distinto.

"Partiendo de la información que se ha recabado hasta este momento, no satisface los criterios para una variable irregular", dijo Waagner por una entrevista telefónica. "No me da el resultado esperado." Enfatizó una mente abierta. "Es un gran acertijo, por lo que enviamos la noticia," refiriéndose a la alerta descrita anteriormente.

Todo es muy excitante, y estoy tan ansioso como ustedes en conocer la publicación de los resultados de las señales, las cuales dijo Harp aparecerán o se enlazarán desde el sitio SETI.

Manténgase en contacto. En el próximo libro publicaremos los resultados de las observaciones del Instituto SETI.

#

¡Felicidades!

Ya llegaste al final de la Parte 2 de la Serie KIC 8462852. Gracias por haberlo leído. Si lo disfrutaste, me puedes dejar un comentario con tu distribuidor favorito.

Te incluimos gratuitamente la Parte 1 de la seria KIC 8462852 en este libro para tu beneficio

¡Gracias!

Max R. Schmidt

¿Qué está orbitando a la enigmática estrella KIC 8462852?

¿Un cometa destrozado?

¿Una mega estructura alienígena?

Max R. Schmidt

Published by Doce Pasos Editores

License Notes

Algo que no es un planeta transitando hace a la estrella KIC 8462852 fluctuar furiosa e impredeciblemente en su brillo. Los astrónomos han sospechado un cometa desintegrado, pero la causa sigue siendo un misterio. Crédito: NASA

"Bizarro." "Interesante." "Tránsito gigantesco" Esas fueron las reacciones de los voluntarios del proyecto Planet Hunters cuando vieron por primera vez el gráfico de la curva de brillo de la estrella KIC 8462852 y de lo que de otra forma fuera aparentemente una estrella como nuestro Sol.

De las más de 150,000 estrellas bajo la constante observación durante los cuatro años de la misión primaria Kepler de la NASA (2009-2013), esta estrella en particular se distingue del resto de sus pares por las atenuaciones de su brillo. Aunque casi todas ellas se atribuyen a causas naturales, algunas sugieren que debemos considerar otras posibilidades.

Kepler-11, una estrella tipo nuestro Sol orbitada por seis planetas. Ciertos momentos, dos o más planetas transitan frente a la estrella al mismo tiempo, como se muestra en la concepción de este artista de los tres planetas observados por el satélite espacial Kepler el 26 de Agosto de 2010. Durante cada tránsito, el brillo de la estrella disminuye de una manera periódica.
Crédito: NASA/Tim Pyle

Quizás sepan o recuerden que el observatorio especial Kepler monitoreo continuamente estrellas en un panorama fijo de campo apuntado hacia la constelación Lyra y Cygnus con la esperanza de detectar fluctuaciones periódicas en su luz provocada por planetas en tránsito. Si se observaba su disminución, se observaban más tránsitos para confirmar la detección de un exoplaneta nuevo.

Y sí, detectó algo. Kepler halló 1,13 exoplanetas confirmados en 440 sistemas estelares a Enero del 2015 con 3,199 candidatos sin confirmar. Midiendo la cantidad de luz que el planeta "robaba" temporalmente de su estrella huésped le permitió a los astrónomos determinar su diámetro, mientras que el intervalo de tiempo que le llevó entre cada tránsito dio su período orbital.

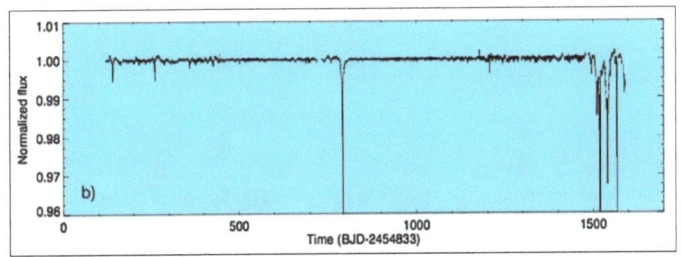

Gráfica que muestra la gran baja del brillo de KIC 8462852 en unos 800 días (centro) seguida de una serie completa de bajas de magnitud variable y hasta del 22%. La baja normal del brillo de una estrella cuando un exoplaneta orbita a su estrella huésped es *una fracción del porcentaje*. *El brillo normal de la estrella se ha fijado con un valor de base "1.00"*. *Crédito: Boyajian et. All*

Voluntarios del proyecto Planet Hunters, uno de muchos programas científicos bajo la tutela de Zooniverse, domina el poder humano de la visión para examinar las gráficas de luminosidad de Kepler

6

(una gráfica de los cambios de intensidad del brillo en el tiempo), buscando patrones repetitivos que puedan señalar el tránsito de planetas. Fueron ellos los primeros en toparse con la perpleja estrella KIC 8462852.

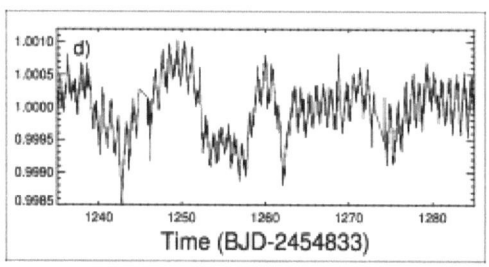

Un vista detallada de una pequeña parte de la gráfica del brillo revela una variación frecuente del brillo cada 20 días. Superpuesto sobre esto está el período de rotación de la estrella de 0.88 días. Crédito: Boyajian et. All

Esta estrella de magnitud +11.7 en Cygnus, más caliente y una mitad tan grande como el Sol, muestra bajas del brillo *por todo el gráfico*. Cerca del Día 800 de la corrida de datos del Kepler, disminuyó un 15% y retomó un brillo constante hasta los Días 1510-1570, cuando le sobrevino una serie completa de bajas, incluyendo una muy notable del 22%. ¡Esto es enorme! Para comprenderlo, hay que considerar que una exo-

7

Tierra tan solo bloquea una fracción del porcentaje del brillo de una estrella, inclusive un mundo del tamaño de Júpiter, la media de los exoplanetas encontrados, tan solo tiene una baja de aproximadamente el 1%.

Así mismo, los exoplanetas muestran gráficos de disminución del brillo rítmicos y repetitivos cuando entran, cruzan y luego salen de las caras de su estrella huésped. En cambio, las bajas del brillo de KIC 8462852 son extravagantemente a-periódicas.

¿Sería posible que una ruptura colosal de un cometa, y los rompimientos subsecuentes de los fragmentos sean los responsables de los cambios erráticos del brillo de KIC 8462852?

8

Sea lo que sea que esté provocando estas enormes variaciones, no es un planeta. Con gran esmero, los investigadores descartaron muchas posibilidades: errores en los instrumentos, manchas estelares (como nuestras manchas solares pero en otras estrellas), aros de polvo como los que se han detectado alrededor de estrellas jóvenes en evolución - esta es una estrella vieja - y pulsaciones que cubren a una estrella con nubes de polvo que filtran la luz.

¿Qué tal una colisión entre dos planetas? Esto generaría una cantidad enorme de material con nubes gigantescas de polvo que fácilmente pudieran opacar el brillo de la luz estelar de forma rápida e irregular.

Una idea brillante, solo que el polvo absorbe la luz de su estrella huésped, se calienta y brilla con luz infrarroja. Deberíamos poder ver este "exceso de infrarrojo" si estuviera ahí, pero en su lugar KIC 8462852 emite justo la cantidad normal de infrarrojo para una estrella de su clase y no mucho más. Asimismo tampoco existe evidencia en los datos obtenidos por el Explorador de Campo Amplio en el Infrarrojo, WISE por sus siglas en inglés, varios años antes y que pudieran haber indicado que hubo una colisión en la estrella.

Nuestra estrella resaltada brilla con una magnitud +11.7 en la constelación Cygnus el Cisne (Cruz del Norte) alto en el cielo del sur al anochecer en este mes de Octubre. Un telescopio de 6" o mayor la mostrará fácilmente. Use este mapa como guía y el mapa inferior para llegar ahí. Fuente: Stellarium

Después de haber examinado las opciones, los investigadores concluyeron que la mejor explicación pueda ser que esto es provocado por un cometa destrozado que continuó con su fragmentación en una cascada de cometas más pequeños. Un escenario bastante sorprendente. Todavía no se ha detectado el polvo que lo

explique, pero no tanto como lo que requieren los otros escenarios propuestos.

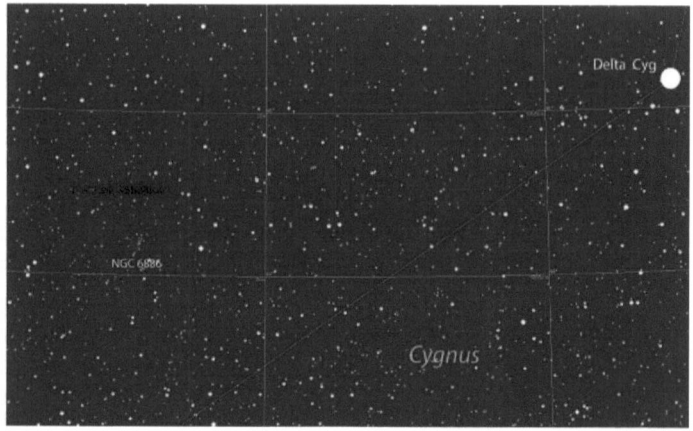

Mapa al detalle mostrando las estrellas de una magnitud de alrededor 12 donde se identifica la estrella Kepler. Está ubicada a una corta distancia al noreste del cúmulo globular NGC 6886 en Cygnus. El Norte está arriba.
Fuente: Chris Marriott's Sky Map

Siendo frágiles, los cometas se pueden desbaratar a sí mismos cuando pasan excepcionalmente cerca del Sol como ha sucedido con algunos en nuestro Sistema Solar. O una estrella vagabunda pudiera perturbar la nube Oort de la estrella huésped y provocar una desbandada de cometas al sistema estelar interno. Y sucede que una estrella enana roja está a unas 1000 U.A. (mil veces la distancia de la Tierra al Sol) de KIC 8462852. Nadie sabe aún si la estrella está orbitando la estrella Kepler o si tan solo está pasando por ahí. Como quiera que sea, está lo suficientemente cerca para provocar que los cometas sean lanzados.

Suficiente de explicaciones "naturales". Tabetha Boyajian, con un PhD de Yale, quien supervisa a los Planet Hunters y la principal autora del boletín científico de KIC 8462852, le preguntó a Jason Wright, un profesor suplente de astronomía en Penn State, qué pensaba de sus gráficos del brillo. "Loco" fue lo que se le vino a la mente cuando los vio, pero la inquietud afloró en un pensamiento. Resulta que Wright había estado trabajando en un boletín científico para detectar mega estructuras con Kepler.

Hay anillos Dyson y esferas y un enjambre Dyson en esta figura. ¿Pudiera ser esto o una variante de esto lo que estamos viendo alrededor de KIC 8462852? No es probable, pero no deja de ser un experimento divertido. Crédito: Wikipedia

En su blog reciente, escribe: "La idea es que una civilización alienígena avanzada construya mega estructuras del tamaño de un planeta - paneles solares, mundos de anillos, telescopios, haces, lo que sea - Kepler es capaz de distinguir estos objetos de los planetas. Asumamos que nuestros alienígenas amistosos quieran aprovechar la energía de su estrella huésped. Pudieran construir paneles solares enormes al por mayor y enviarlos a una órbita para reflejar la luz estelar hacia la superficie de su planeta. El físico Freeman Dyson popularizó la idea por 1960. ¿Recuerda la Esfera Dyson, una gigantesca estructura hipotética construida para englobar una estrella?

Desde nuestra perspectiva, podríamos detectar un titilar de la estrella en patrones irregulares conforme los paneles gigantescos giraran a su alrededor, Para ilustrar este punto, Wright formuló esta maravillosa analogía:

"La analogía que tengo es mediante la observación de las sombras en las persianas de gente fuera de una ventana al pasar. Si una persona estuviera dando la vuelta en la calle sobre en una bicicleta, su sombra aparecería de manera regular en tiempo y forma (como un planeta normal orbitando una estrella). Pero masas de personas pasando por ahí - en ambas direcciones, rápido y despacio, grandes y extra grandes - no tendrían patrón regular alguno.

El total de la luz pasando por las persianas pudiera variar como - la estrella de Tabby".

El Telescopio Green Bank, GBT, es el telescopio dirigible más grande del mundo. El plato del GBT mide 100 X 110 metros, cubriendo un área de 2.3 acres de espacio. Crédito NRAO/AUI/NSF

Hasta Wright admite que la "hipótesis alienígena" debe ser tomada como una última solución al enigma. Pero para garantizar que no quede piedra sin voltear, Wright, Boyajian y otros más de Planet Hunters armaron una propuesta para hacer una investigación SETI de radio en el GBT de 100 metros de diámetro. En mi opinión, esta es ciencia en su expresión más pura. Tenemos una pregunta difícil de contestar, de modo que usemos todas las herramientas de las que disponemos para encontrar una respuesta.

KIC 8462852 fotografiado el 15 de Octubre de 2015. Es una estrella F3 V (enana blanca-amarilla) localizada alrededor de 1,480 años luz de la Tierra. Crédito: Gianluca Masi

Al final, probablemente no sea una mega estructura alienígena, tal y como las primeras señales de los pulsares no fueron enviadas por PHV-1 (Pequeños Hombres Verdes). Pero sea lo que sea que esté provocando las bajas de brillo, Boyajian quiero que los astrónomos mantengan una vigilancia cercana a KIC 8462852 para descubrir si y cuando sus erráticas variaciones de brillo se repiten. Amo un misterio, pero las respuestas en ciencia suelen ser aún mejores.

# # #

¡Felicidades!

Ya llegaste al final de mi libro. Gracias por haberlo leído. Si lo disfrutaste, me puedes dejar un comentario con tu distribuidor favorito.

¡Gracias!

Max R. Schmidt

BIBLIOGRAFÍA

Serie ASTRONICS

Danos un like en ASTRONICS

1. Schmidt, Max R. - El Lenguaje de la Astrología (2015). Este no es un libro más de Astrología. En él se explica el profundo significado de los símbolos astrológicos y su ritmo en el devenir del tiempo. ¿Quieres quitar el velo de los misterios esotéricos? Este es tu libro para iniciarte.

2. Schmidt, Max R. - ¿Qué está orbitando a la enigmática estrella KIC 8462852? (2015) De las más de 150,000 estrellas bajo la constante observación durante los cuatro años de la misión primaria Kepler de la NASA (2009-2013), la enigmática estrella KIC 8462852 se distingue del resto de sus pares por las atenuaciones de su brillo. Aunque casi todas ellas se atribuyen a causas naturales, algunas sugieren que debemos considerar otras posibilidades.

3. Schmidt, Max R. - ¿Encontrará el Instituto SETI señales de vida inteligente en KIC 8462852? "O bien captamos algo poco después de un gran evento, como la colisión de dos planetas, o una inteligencia alienígena," dijo el

Dr. Gerald Harp, Veterano en ciencias del Instituto SETI (Search for Extraterrestrial Intelligence - Búsqueda de Inteligencia Extraterrestre) en Mountain View, California, refiriéndose a las enigmáticas variaciones de la luz observadas en la estrella Kepler KIC 8462852. Descúbre que hay detrás de estas observaciones.

Serie *Adultos Niños*

Danos un like en Adultos Niños Asociación ANA

1. Schmidt, Max R. - Adultos Niños (2003). ¿Quién es un Adulto Niño? Incluye además un Cuestionario Confidencial para saber si lo eres.

2. Schmidt, Max R. - ANA Camino al Corazón (2003). ¿Te sientes desorientado, confundido, atosigado? Con el reconocido Programa ANA de Doce Pasos, recuperarás al niño dentro de ti y, aprendiendo a convertirte en tu propio madre/padre amoroso, podrás por fin vivir una vida útil y feliz en compañía de otros Adultos Niños.

3. Schmidt, Max R. - Afirmaciones Diarias para Adultos Niños (2014). Un pensamiento positivo diario enfocado en aliviar la carga de los rasgos de carácter propios de los Adultos Niños.

4. Schmidt, Max R. - Sobriedad Emocional - El Cuarto Legado del Programa de Doce Pasos (2014). Definido como "la siguiente frontera de la recuperación" por Bill W., autor del afamado libro Alcoholics Anonymous, el cual sigue mejorando la calidad de vida de millones de personas en todo el mundo, este libro te va a proporcionar herramientas efectivas de avance un tu viaje permanente por el sendero de la recuperación.

Serie Abuso de Substancias y Salud Mental

Danos un like en El Libro Grande

1. Schmidt, Max, R. - El Pensamiento del Día - Un pensamiento, meditación y oración diarias para los Alcohólicos Anónimos. (2014)

2. Schmidt, Max R. - El Libro Grande - Cómo Funciona el Programa de Doce Pasos de Alcohólicos Anónimos (2014) - ¿Tienes dependencia a una sustancia? ¿Conoces a alguien que la tenga? Este libro les va a mostrar el camino de la liberación a las sustancias intoxicantes; sus principios han transformado, para bien, la calidad de vida de millones de personas en todo el mundo.

3. Schmidt, Max R. - Resolviendo el Rompecabezas de la Adicción y la Salud Mental

- A menudo la dependencia a una sustancia viene acompañada a su vez de algún trastorno mental/emocional. Este libro te va a explicar con claridad si padeces de uno o ambos casos.

4. Schmidt, Max R. - Sobriedad Emocional - El Cuarto Legado del Programa de Doce Pasos (2014). Definido como "la siguiente frontera de la recuperación" por Bill W., autor del afamado libro Alcoholics Anonymous, el cual sigue mejorando la calidad de vida de millones de personas en todo el mundo, este libro te va a proporcionar herramientas efectivas de avance un tu viaje permanente por el sendero de la recuperación.

Contacta a Max R. Schmidt

Correo E: maxerlin35@gmail.com